MANIFESTO VERDE

O PRESENTE É O FUTURO

IGNÁCIO DE LOYOLA BRANDÃO

MANIFESTO VERDE

O PRESENTE É O FUTURO

CONTÉM A DECLARAÇÃO
DOS DIREITOS DA ÁGUA

Co-edição Global/Gaia

global
EDITORA

©Ignácio de Loyola Brandão, 1985
7ª EDIÇÃO, *2001*
1ª REIMPRESSÃO, *2007*

Diretor Editorial
JEFFERSON L. ALVES

Diretor de Marketing
RICHARD A. ALVES

Assistente Editorial
ALEXANDRA COSTA DA FONSECA

Gerente de Produção
FLÁVIO SAMUEL

Preparação de Texto
SÍLVIA CRISTINA DOTTA

Capa e Projeto Gráfico do Miolo
CÉSAR LANDUCCI
MAURICIO NEGRO

Fotos
PAULO LEITE

Editoração Eletrônica
ESTÚDIO GRAAL

Dados Internacionais de Catalogação na Publicação (CIP)
(Câmara Brasileira do Livro, SP, Brasil)

Brandão, Ignácio de Loyola, 1936-
  Manifesto verde : o presente é o futuro / Ignácio de Loyola Brandão ; ilustrações Cesar Landucci e Mauricio Negro . — 7ª ed. — São Paulo : Global e Gaia, 2001.

  ISBN 85-260-0226-0

  1. Contos brasileiros 2. Ecologia I. Landucci, Cesar, 1956- II. Negro, Mauricio. III. Título. IV. Série.

98-0828   CDD-869.935

Índices para catálogo sistemático:
1. Contos : Século 20 : Literatura Brasileira 869.935
2. Século 20 : Contos : Literatura Brasileira 869.935

Direitos Reservados
GLOBAL EDITORA E DISTRIBUIDORA LTDA.

Rua Pirapitingüi, 111 – Liberdade
CEP 01508-020 – São Paulo – SP
Tel.: (11) 3277-7999 – Fax: (11) 3277-8141
e-mail: global@globaleditora.com.br
www.globaleditora.com.br

Colabore com a produção científica e cultural.
Proibida a reprodução total ou parcial desta obra
sem a autorização do editor.

Nº DE CATÁLOGO: **2072**

Ao colocar o subtítulo *O Presente é o Futuro* neste *Manifesto Verde* o autor faz um jogo de palavras. Quer dizer: o presente, o brinde que gostaríamos de dar às gerações que estão vindo é o futuro. Um futuro limpo, com cidades menos poluídas, cheias de verde, com águas limpas, o ar puro. Ao mesmo tempo, o futuro depende do tempo presente, das nossas atitudes hoje, das providências que devemos e vamos tomar.

Este livro apresenta a situação do meio ambiente, por meio de histórias, casos, fatos, notícias. Não dá lições ou faz teorias. Loyola mostra a situação por meio de acontecimentos, alguns deles incríveis. Parece que tudo foi inventado. Só que não existe imaginação e sim realidade.

Escrito em forma de uma comovente carta aos seus filhos, na verdade Loyola quer atingir todo mundo. É um livro que tem profundidade, ainda que se leia de modo fácil e rápido. Não pensem em manifesto como algo aborrecido, o autor descobriu uma fórmula nova e atraente.

Ignácio de Loyola Brandão é conhecido principalmente pelo público estudantil. Livros como *Zero*, *Não Verás País Nenhum*, *Cadeiras Proibidas*, *O Verde Violentou o Muro*, *Veia Bailarina*, *O Homem do Furo na Mão* e *O Homem que Espalhou o Deserto*, circulam pelas escolas, lidos e apreciados.

Os editores

QUEREMOS SABER, QUEREMOS SABER QUANDO O NOSSO RIO VAI PARAR DE FEDER.

Meus filhos, Daniel, André, Maria Rita.

Esta frase, de Luciana Franca da Silva, de 13 anos, foi uma das vencedoras de um concurso realizado em Santana do Parnaíba, São Paulo, em 1985, destinado a chamar a atenção para o grave problema do rio Tietê, que passava pela cidade como um esgoto a céu aberto. As frases eram colocadas em faixas localizadas em pontos-chave, para que todos, principalmente autoridades, vissem e se conscientizassem. Todos viram, mas nada fizeram. Isso aconteceu há 13 anos. Luciana deve estar formada, talvez casada, sua vida mudou, porém o Tietê, ao passar por Santana do Parnaíba, cidade histórica e linda, continua imundo, fétido, cheio dos resíduos, detritos e lixo nele lançados por indústrias, pela população, por cada um.

Ter uma casa no alto de uma árvore sempre foi sonho de toda criança, mesmo dessas que vivem em plena era do computador e dos videogames e de toda a cibernética que envolve a vida moderna. Pois na Inglaterra, em fevereiro de 1996, um grupo de duzentas pessoas, que se apelidaram *ecoguerrilheiras*, ficou morando, durante meses, no alto de árvores, nos arredores de Newbury, cidade próxima a Londres. Não era brincadeira, nem um sonho de criança realizado por adultos. Era parte de uma batalha contra a construção de uma auto-estrada que custaria a vida de milhares de árvores e a poluição de vários rios, em uma região que interessa aos cientistas britânicos, por ser uma das áreas mais ricas em biodiversidade na Inglaterra. Ali, entre outras coisas, é o hábitat do *Dermouse*, um animal roedor, e do caramujo *Vertigo moulinsiana*, ambos em extinção. A estrada tinha o objetivo de evitar congestionamentos na cidade de Newbury. Os ecoguerrilheiros provaram que a obra era dispensável e não resolveria o problema, porém a construção continuou, protegida por seguranças. A vida nas árvores não foi fácil. Enfrentou-se chuva e frio, lama e fome e os banheiros eram no mato. Foi uma campanha tão bonita, que muitos dos seguranças viraram a casaca, trocaram de lado, tornaram-se ecoguerrilheiros.

O homem é contraditório, difícil. Ao mesmo tempo que agride a natureza, quase causando a própria destruição, é capaz também de gestos que emocionam e arrastam a opinião pública mundial. Em 1988, duas baleias foram salvas por um movimento de solidariedade. Estavam presas em um buraco de gelo no Pólo Norte. Condenadas a morrer. No entanto, o mundo se mobilizou, Rússia e Estados Unidos juntaram-se, milhões de dólares foram gastos em uma operação que envolveu navios das marinhas dos dois países. Acompanhando o noticiário todos os dias, respiramos aliviados quando as baleias, livres do gelo, se encaminharam para o mar, para a vida. Incoerente e paradoxal o ser humano! Quantas vezes deixa seus semelhantes morrerem, quantas vezes mata em uma guerra. E no entanto é capaz de um gesto como esse, para salvar duas baleias. De que matéria somos feitos?

Que meio é melhor para se explicar uma situação que contar histórias? Por essa razão, estou respondendo a algumas perguntas que me fizeram, usando fatos, coisas que aconteceram, alertando para o que pode acontecer. Tudo começou em uma noite, naquele apartamento da rua Bela Cintra, onde jogávamos bola no quarto, por não ter playground. Depois de ouvir o noticiário pela televisão, vocês, Daniel e André, me perguntaram:

— Pai, o que é ecologia?
— Por que falam tanto em verde?

Não me lembro o que respondi, mas descobri que não ficaram satisfeitos.

Durante semanas pensei em uma forma de explicar a vocês uma série de coisas importantes que vêm acontecendo no mundo e que envolvem estas duas palavras. Ecologia e verde.

Na véspera de uma viagem, comecei a redigir uma carta e ela se alongou, transformou-se neste pequeno livro. É um texto simples, cheio de histórias, casos, notícias, fatos que ocorrem no Brasil e no mundo, agora e há muitos anos. Imagino que esta seja a melhor forma para dar idéias em torno do que é ecologia e movimento verde.

Verde porque esta cor simboliza a cobertura vegetal do mundo, as florestas, matas, bosques, tudo o que existe em matéria de flora. Verde porque se elegeu o verde como a cor da esperança.

Desse modo, movimento verde significa a esperança de salvar. E salvar tem um sentido amplo. Não apenas as árvores, os rios, mas todos os seres vivos.

Existe uma palavra que está no dia-a-dia, que é dita, repetida, lida e ouvida a todo instante. Palavra tão comum quanto pai, mãe, escola, televisão, virtual, interativo, coca-cola, computador, camisinha, internet, videogame, hambúrger, transa, moto, *skate*, digital, CD, *laser*. A palavra é ecologia.

Ecologia é o estudo do meio ambiente. Meio ambiente é tudo o que nos cerca, a terra, a água, o ar.

O termo ecologia foi criado pelo biólogo (aquele que estuda a vida e os seres vivos em geral) alemão Haeckel, em 1866. Ecologia é o que antigamente se chamava história natural.

Ecologia é uma palavra que vem do grego.
Oikos = casa.
Logos = estudo.
O *ekologie* em alemão, ecologia em português. Originalmente seria o estudo da casa. A casa é o lugar onde se vive. Lugar onde se vive é também o bairro, a cidade, o estado, o país, o continente, o mundo, o universo. Por isso, o meio ambiente é tão vasto. E nele todas as coisas estão interligadas, amarradas umas às outras.

A precisa de B.
B depende de C.
C é íntimo de D.
D junta-se a A. E assim por diante.

É uma cadeia. Tudo na vida está em comunicação e interromper um elo é complicado, às vezes perigoso. Isto se chama ecossistema.

Um ecossistema é como um motor. Todas as peças e engrenagens são dependentes umas das outras. Se uma falha, o motor anda, mas com dificuldade, terminando por prejudicar a máquina. E se duas ou três ou mais peças se desarranjam ou desaparecem, o motor pára. No ecossistema existe equilíbrio. Cada elemento tem sua função, do verme minúsculo ao paquiderme gigante, de uma célula a uma árvore. Tudo tem razão de ser: mosquito, minhoca, cobra, rato, gato, barata, pântano, riacho, folhas secas e podres, raio de sol.

Um lago é um ecossistema. Uma floresta é um ecossistema. O mar é um ecossistema. O deserto é um ecossistema. Não importa o tamanho.

O que acontece quando um coureiro (o caçador do pantanal) mata jacarés? Como esses comem as piranhas, vamos ter menos jacarés para comê-las, e os cardumes vão aumentar. As piranhas passarão a comer peixes menores que se alimentavam de outros peixes, provocando desequilíbrio e a extinção de espécies. Desse modo, a ação dos coureiros transtorna um ecossistema, o dos rios do pantanal. Os garimpeiros, também no pantanal, usam o mercúrio, um elemento venenoso, para retirar o ouro dos rios. Os resíduos do mercúrio vão se incorporando à água, envenenando os peixes. Estes são pescados e comidos e o veneno vai para o organismo humano.

    A ecologia estuda a mudança do ecossistema,
    a poluição dos ares,
    a devastação das florestas,
    o uso abusivo dos agrotóxicos (inseticidas)

sobre plantas, com o conseqüente envenenamento do nosso corpo,
    a modificação do clima,
    a morte dos rios,
    a desertificação de áreas do planeta,
    a formação de buracos na camada de ozônio (aquela que protege a terra dos raios ultravioletas do sol),
    a questão do lixo radioativo,
    as doenças que o homem vem ganhando com a agressão contínua à natureza,
    o problema da fome,
    as erosões,
    a degradação dos oceanos.
    A ecologia, enfim, trata daquilo que temos de mais precioso, a vida.

ACREDITAR NO FUTURO

Treze anos depois daquele primeiro texto, refaço a minha carta. Vocês cresceram, mudaram. Maria Rita, hoje com 15 anos, entrou em nossas vidas. No entanto, a situação em relação ao meio ambiente, infelizmente pouco se modificou. Mantenho o texto original, com novas informações. Tento montar um texto que represente a esperança. Não tenho o direito de esmagar a crença que têm na possibilidade de um futuro. Quando ouvia vocês fazendo planos normais de crianças (e agora de jovens que se encaminham para o mundo) — vou ser isto, vou ser aquilo —, punha-me a pensar se esse futuro vai existir.

De que modo vocês vão viver. Ou sobreviver.

Ao escrever, percebo que não é a vocês que me dirijo e sim aos homens de minha geração. Aos que estão no poder.

E também àqueles que têm quarenta, trinta, vinte, dezoito anos. Aos que vão receber este país no futuro.

Aos de minha geração é um apelo desesperado.

Aos outros, quero relatar o que vem acontecendo, na esperança de provocar uma reação, uma revolta, despertando para a luta a fim de se proteger.

Escrevo para que as pessoas exclamem: "Estamos cometendo suicídio! E temos de pensar naqueles que não querem morrer, que estão crescendo e têm o direito de prosseguir neste mundo".

Escrevo para contar o que acontece. Para que vocês tomem posição e armem-se em legítima defesa.

A FORÇA DAS ÁRVORES

Um dia, compramos uma chácara em Sarapuí (palavra que significa rio-do-peixe-espada), estado de São Paulo. Pequeno pedaço de terra, imensamente verde. Nesse recanto, durante anos, plantamos dezenas de árvores, de flores, arbustos, frutas. Cada um com carinho e significado especiais.

Lembro de uma viagem que fizemos a Minas. Paramos na estrada, no meio da manhã ensolarada, para que Daniel pudesse mamar tranqüilamente. Enquanto esperava, saí do carro e deparei-me, à beira da cerca, com uma árvore inteiramente florida. O chão, repleto de vagens secas. Apanhei várias delas, arrisquei plantar, vingaram, fizemos cercas e manchas de árvores floridas. A imagem que associo a essas árvores é a de alimento, nutrição.

Naquela chácara, havia duas árvores diferentes, com um significado que transcende a tudo: um ipê e um pau-brasil, diretamente ligados à vida de vocês. Quando Daniel nasceu, Chico Santa Rita, um amigo, levou à maternidade aquele que acabou sendo o presente mais duradouro. Em um vasinho, a muda de ipê com um cartão: "Que sua vida tenha a força e a duração desta árvore".

Quando André nasceu, Cyro, o avô materno, levou a muda de um raríssimo pau-brasil, dizendo: "Que você viva, enquanto ele viver".

À primeira vista, parecem profecias arriscadas. Afinal, as mudas poderiam não vingar. Mas a um olhar mais profundo, os dois presentes revelaram a confiança que alguns homens têm na natureza e no que vem dela: o sentido de vida, eternidade, permanência e continuação.

VERDADE

As árvores, desde o início do mundo, tiveram o mais importante dos sentidos: o de representar a vida. Alguns povos da Antiguidade escolhiam certas espécies, tornando-as sagradas. Como o carvalho para os celtas, a figueira para os indianos, a tília para os alemães. Associações entre deuses e árvores são freqüentes na mitologia: Júpiter e o carvalho, Osíris e o cedro, para citar somente dois.

A árvore, segundo Cirlot, especialista em simbologia, significa a vida inesgotável e engloba os processos generativo e regenerativo, sendo o espelho da imortalidade. A árvore é o eixo do mundo, ela faz a ligação (raízes) entre o negror das trevas do caos profundo e a luz (galhos e folhas para cima), o céu.

A *Bíblia* diz que, no centro do Jardim do Éden — o Paraíso —, havia a Árvore da Vida e a Árvore do Conhecimento do Bem e do Mal. Sabe-se também que, na milenar Babilônia, havia, no portão oriental do céu, duas árvores: a da Verdade e a da Vida. Buda teve a iluminação sentado embaixo de uma.

O IPÊ-AMARELO

Estranha é a cabeça das pessoas.

Uma vez, em São Paulo, morei em uma rua dominada por uma árvore incrível, um ipê-amarelo. Na época de floração, ela enchia a calçada de cores. Para usar um lugar-comum, ficava sobre o passeio um verdadeiro tapete de flores. Esquecíamos o cinza que nos envolvia e vinha do asfalto, do concreto, do cimento, os elementos característicos desta cidade. Percebi certo dia que a árvore começava a morrer. Secava lentamente, até que amanheceu sem uma folha. É um ciclo, ela renascerá, comentávamos no bar ou na padaria. Não voltou.

Pedi ao Instituto Botânico que analisasse a árvore, e o técnico concluiu: envenenada. Surpresos, nós, os moradores da rua, que tínhamos na árvore um verdadeiro símbolo, começamos a nos lembrar de uma vizinha de meia-idade que todas as manhãs estava ao pé da árvore com um regador. Cheios de suspeitas, fomos até ela, indagamos, e ela respondeu com calma, os olhos brilhando, agressivos e irritados:

— Matei mesmo essa maldita árvore.

— Por quê?

— Porque na época da flor ela sujava minha calçada, eu vivia varrendo essas flores desgraçadas.

Um choque, espanto.

Outra vez, passando pela cidade de São Carlos, tive uma surpresa, na avenida principal, onde existia uma praça cheia de árvores e recantos sombreados. Um prefeito implacável tinha derrubado tudo, construindo no lugar uma praça cinza de cimento, cheia de postes com lâmpadas a vapor de mercúrio. Local desolado e sem vida.

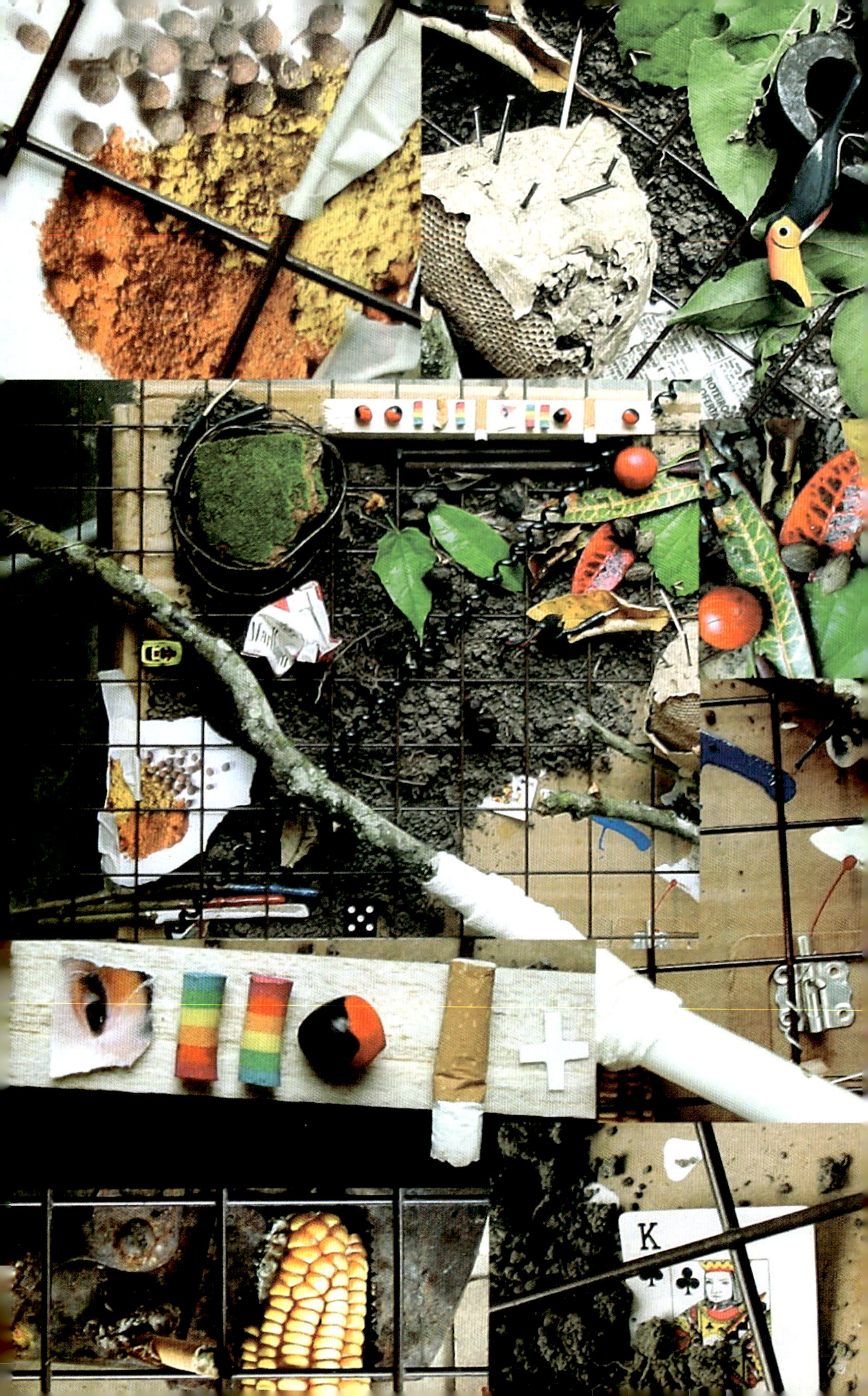
K

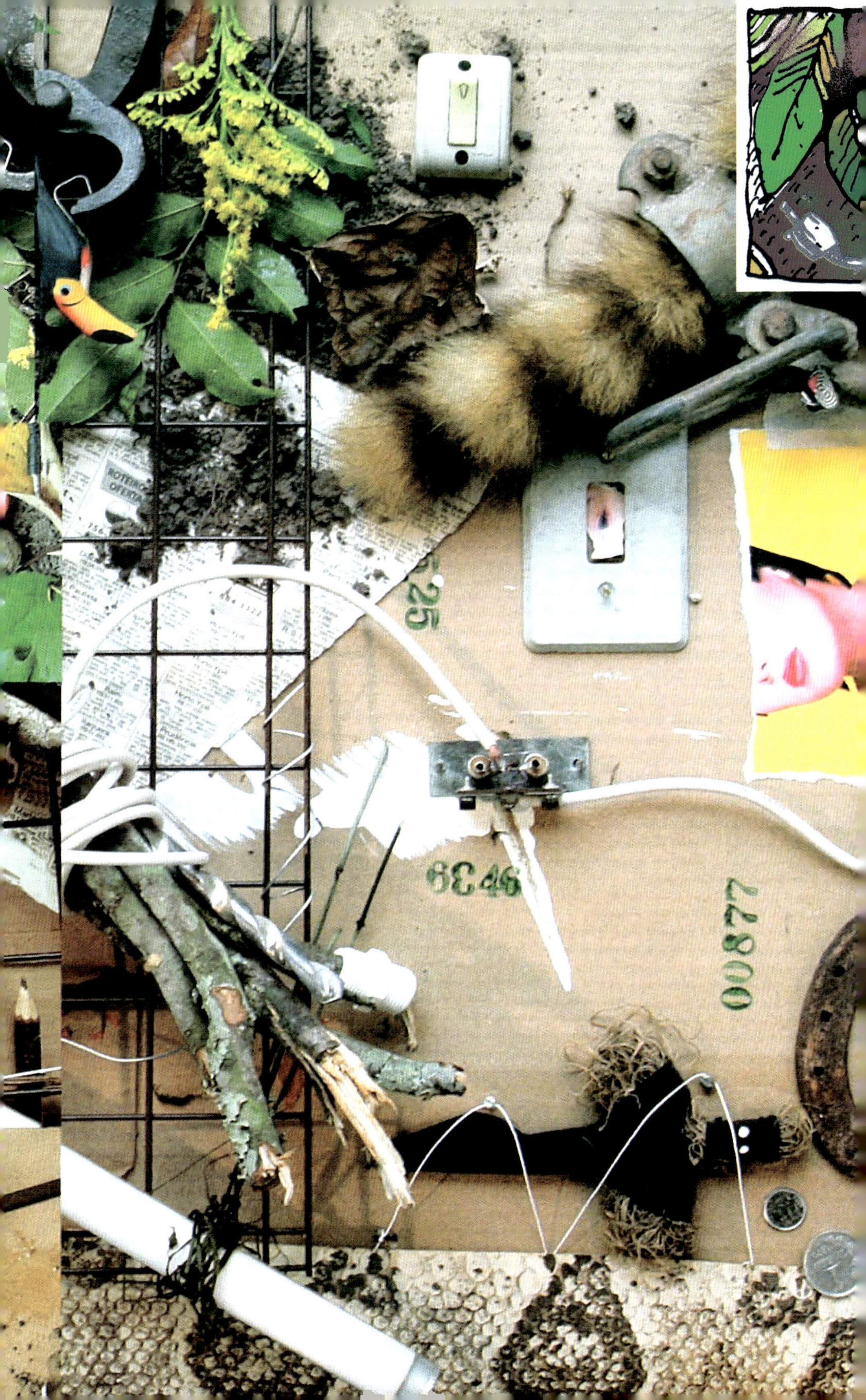

Na mesma semana em que comprei aquela chácara onde vocês cresceram, contratei um caboclo para fazer uma pequena limpeza nas ervas ruins que estavam em torno da casa. Ao voltar, dias depois, vi a casa repousando no centro de um pequeno deserto. O caboclo tinha passado a enxada em tudo o que era arbusto, trepadeira, plantinhas, flores.

— Por que devastou tudo?
— A casa estava muito nervosa, sufocada no meio de tanta planta. Isso não é bom.

SOMBRA ESCONDERIJO

Na cidade de Marília, interior de São Paulo, existia, na praça em frente à Catedral, uma série de belíssimas árvores, algumas seculares. Lembro-me de que uma delas era tão grossa que necessitava de cinco homens, de braços abertos, para rodeá-la.

Um dia, anos setenta, chego a Marília e o que vejo em frente à Catedral? Uma praça de cimento, cinza, feia, desértica, fria. Perguntei assombrado a um professor da faculdade de letras que me acompanhava.

— O que aconteceu aqui?

— O prefeito mandou derrubar tudo, para resolver um problema social!

— Como?

— As árvores faziam muita sombra. E aqui, de noite, reuniam-se marginais e prostitutas, um bando de vagabundos. Para evitar isso, o prefeito mandou derrubar as árvores. Assim, não têm sombras, nem esconderijos.

— E os marginais? Acabaram?

— Não, mudaram de lugar. Continuam marginais.

Por aí se vê a incompreensão do problema. Como se a devastação de um patrimônio da natureza resolvesse problemas agudos como os sociais.

FALTA O AMOR

O que significam esses pequenos casos do cotidiano, meus meninos?

Tanto o caboclo, que nasceu na terra, depende dela, vive em contato direto com ela, quanto aquela mulher de classe média-alta ou o administrador de qualquer cidade, nenhum deles tinha (ou têm) nenhuma consciência do que significa a natureza. Falta-lhes a sensibilidade, a informação, falta-lhes o amor. E essas três pessoas representam o quê? A cabeça do povo brasileiro, ainda inteiramente desligada e indiferente ao que vem acontecendo — não mais lentamente, mas com uma velocidade assustadora — a este país.

Acabo de pensar em um conto escrito há muitos anos atrás, chamado "O homem que espalhou o deserto", que unido a outro, "O homem do furo na mão", constitui a base de um livro meu, terrível como profecia (e aqui está um autor que não gostaria de ser profético): *Não verás país nenhum*.

É a história de um menino que costumava apanhar a tesoura da mãe e ir para o quintal, cortar as folhas das árvores. A mãe gostava, assim ele não ia para a rua, não andava em más companhias. O menino cresceu e percebeu que a tesoura já não era suficiente. Arranjou um machado e derrubou todas as árvores do quintal.

Insatisfeito, ele saiu de machado em punho para os arredores da cidade e, depois de atacar árvores, capões e matos, descobriu que podia ganhar a vida com seu instrumento. Onde quer que precisassem derrubar árvores, ele era chamado. Acabou prosperando, montando uma companhia, comprando tratores. E enquanto ele ficava milionário, o país transformava-se em um deserto, terra calcinada. E então o governo, para remediar, mandou buscar em Israel técnicos especializados em tornar férteis as terras do deserto.

    E os homens mandaram plantar árvores. E enquanto as árvores eram plantadas, o homem do machado ensinava ao filho a sua profissão.

UNIVERSIDADE DA DESTRUIÇÃO

Oito anos depois desse conto ter sido publicado em um livro meu chamado *Cadeiras Proibidas*, li na revista *Pau-Brasil* uma entrevista com o cientista Augusto Ruschi, um dos maiores defensores da natureza no Brasil, que realizou um trabalho isolado e incansável no Espírito Santo. No número 2, de setembro/outubro de 1984, Ruschi declarou: "O meu estado, infelizmente, foi a universidade que formou os maiores especialistas em destruição de florestas, seguramente, de todo o universo. E esses especialistas, que hoje formam um verdadeiro exército de depredadores, já se encontram na Amazônia. E não são apenas cem ou duzentos. São quase trezentos mil homens, que não sabem outra coisa a não ser cortar árvores. E depois da terra arrasada, entra a multinacional com seus eucaliptais". Ruschi mostra como os eucaliptais, que se estendem como praga disfarçada de reflorestamento, provocam desastres ambientais, secando rios, esterelizando terras, eliminando pássaros, ocasionando estranhas epidemias em outras plantações, como é o caso da *phona*, que ataca os cafeeiros. Para não dizer que o eucalipto é matéria-prima para fábricas de celulose que envenenam os rios, matando microorganismos e peixes. A devastação, segundo Ruschi, além de ter extinto dezenas de espécies animais conhecidas, acabou também com animais que nem sequer chegaram a ser conhecidos. (A expedição Cousteau ao Amazonas revelou, entre outras descobertas, a existência de um sapo com bico, que era até então totalmente ignorado pela ciência.)

QUALIDADE DE VIDA

Levando em conta fatores como educação e saúde, meio ambiente, riqueza, pobreza e expectativa de vida, foi divulgado o *Informe Mundial Sobre Desenvolvimento Humano*, um Programa das Nações Unidas. O primeiro colocado, ou seja, o país onde a qualidade de vida está mais alta é o Canadá, seguido pelos Estados Unidos, Japão, Holanda, Finlândia, Islândia, Noruega, França, Espanha e Suécia. Estes, os 10 primeiros. E o Brasil, onde está? Temos de ir lá embaixo da lista, pois nos encontramos no lugar de número 63.

SABIAM?

"Antes do nascimento da agricultura, 10 mil anos atrás, a Terra tinha um rico manto de florestas e bosques que cobria 6,2 milhões de hectares. Com a passagem dos séculos, uma combinação de derrubada de árvores, utilização comercial da madeira para vigas de construção, criação de pastos para gado e a coleta de madeira para combustível, a cobertura florestal da terra reduziu-se em 4,2 milhões de hectares — um terço menos do que existia nos tempos pré-agrícolas", informam Sandra Postel e Lori Heise, pesquisadoras do Worldwatch Institute, nos Estados Unidos. Ou seja, restam hoje apenas 2 milhões de hectares. Um hectare tem 10 mil metros quadrados. Um dos problemas é que milhões de pessoas dependem da madeira para cozinhar seus alimentos. E como fazer? Impedir que comam? O homem moderno encontra-se num impasse. Mesmo porque o ritmo de reflorestamento não acompanha o de desmatamento e a maioria dos países não tem um programa de governo bem-estruturado e organizado a esse respeito. Grande parte dos países não tem um levantamento de suas florestas. Na América Latina, uma das inimigas das florestas é a criação do gado. Em lugar de usar um sistema de rodízio dos pastos existentes, cada vez mais derrubam-se árvores para se formar novos pastos, abandonando-se os antigos.

FIM DAS FLORESTAS?

O Fundo Mundial para a Natureza fez previsão alarmante, relata *O Estado de S. Paulo*, em março de 1996. As florestas mundiais correm o risco de desaparecer nos próximos 50 anos. Duzentos especialistas reunidos em Genebra, Suíça, no começo de 1996, propuseram uma política florestal para impedir a destruição de 1% das florestas. Essa destruição está levando a alterações cada vez mais profundas do clima.

ALGUNS PROBLEMAS

O corte das árvores tem levado a um aumento da temperatura na terra. Está cada vez mais quente. O corte provoca erosões que destroem o solo. Essas erosões conduzem sedimentos (terra e pedras) para os rios. Os leitos tornam-se rasos, as águas transbordam, ocupam as margens. As enchentes, de que se têm notícia cada vez mais freqüentes, em geral são ocasionadas, entre outros, por esses fatores. Está tudo interligado.

NÃO É INCRÍVEL?

Foi um diretor do presídio instalado na ilha de Fernando de Noronha, em 1938, que mandou destruir toda a mata nativa, exuberante, com medo de os presos derrubarem as árvores, construírem canoas e fugirem.

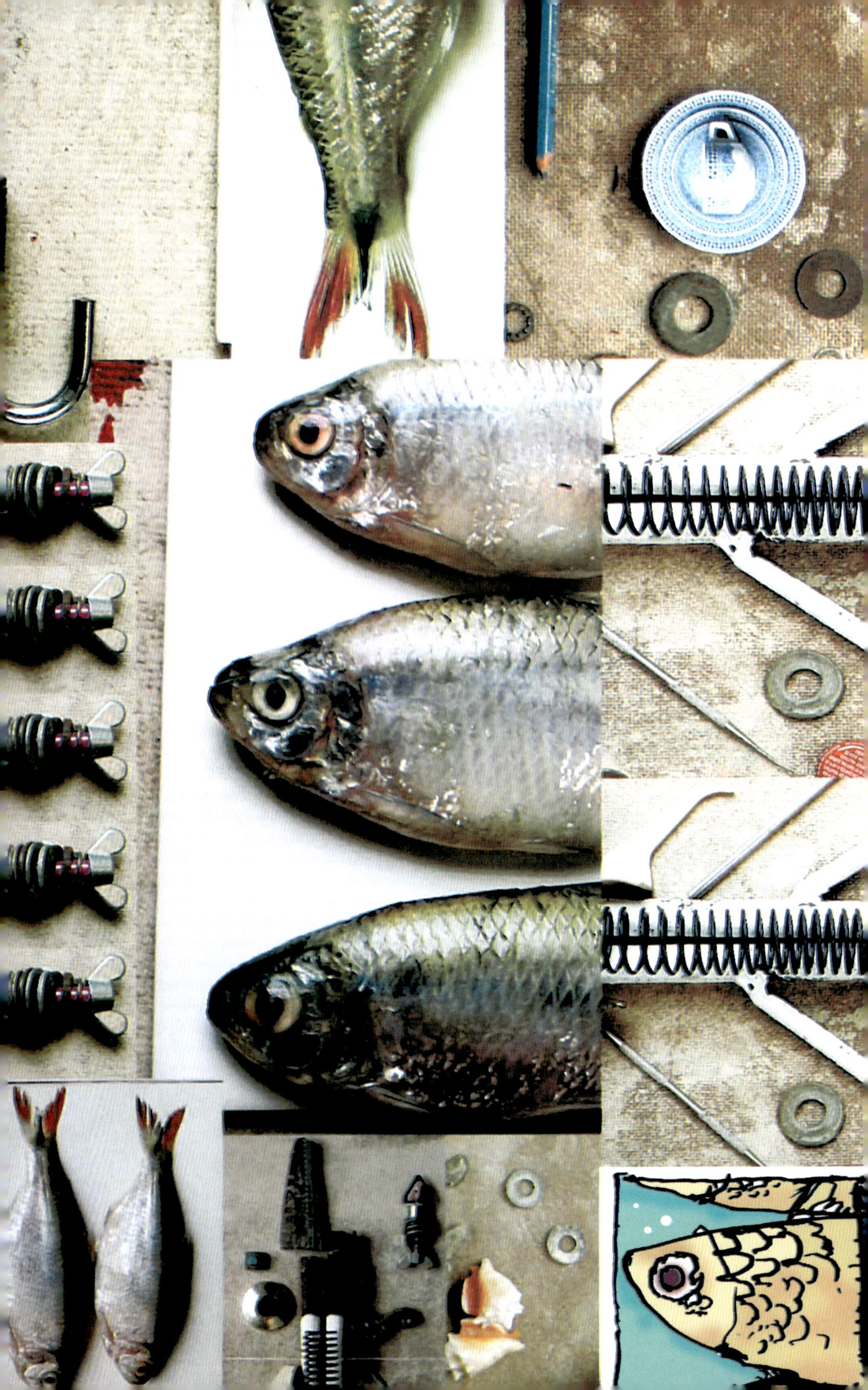

INTERNATIONAL
PRIORITY
X2 SAO

FIM DOS CERRADOS?

Toda a área agricultável do cerrado, uma das mais ricas savanas do mundo em termos de biodiversidade, corre o risco de desaparecer até o ano 2000, conclui o relatório *De Grão em Grão o Cerrado Perde Espaço*, produzido pelo Fundo Mundial para a Natureza e a Sociedade de Pesquisas Ecológicas do Cerrado. O cerrado é um terreno plano, tomado pela grama, com um tipo de vegetação caracterizado por árvores baixas, retorcidas, cascas grossas. Existe principalmente no chamado Planalto Central, onde se localiza Brasília. Mas encontra-se também no Nordeste e em partes do Amazonas.

INDÚSTRIA QUE ARRASA

As mentiras da grande indústria. A empresa paranaense de produtos de beleza O Boticário, que se anuncia como a grande defensora da natureza, foi autuada três vezes pelo Ibama por agredir a natureza. Em 1995 ela mudou o curso do rio Morato, derrubou mata-ciliar e usou sem permissão matéria-prima existente dentro de uma Área de Proteção Ambiental, em Guaraqueçaba, Paraná, Litoral Norte. Essa área é considerada pela Unesco como reserva de biosfera, isto é, possui um raro e precioso ecossistema.

FLORESTAS SE VÃO

Em 1930, o Paraná tinha 84,1% de sua área de florestas. Cinqüenta anos depois, apenas 5,1%. Em 1940, o Rio Grande do Sul tinha 40% de sua extensão territorial ocupada por matas. Em 1980, 1,8%. A revista *Isto É* divulgou dados do Instituto Brasileiro de Desenvolvimento Florestal: "Em apenas cinco anos, de 1975 a 1980, segundo uma seqüência de 2000 fotos tiradas por satélites, o total de florestas derrubadas na Amazônia passou de 2,8 milhões para 12,4 milhões de hectares — o equivalente à superfície dos estados de Alagoas, Paraíba e Espírito Santo juntos".

Exploração intensiva, desmatamento irracional, tecnologias inadequadas e aplicação brutal de agrotóxicos fazem com que apenas o estado de São Paulo perca 200 milhões de toneladas de solo fértil, registra o jornal ecológico *Estado de Alerta*, ao cobrir o quarto congresso da Associação Brasileira de Geologia, em abril de 1984. A Reserva Florestal da Cantareira, em São Paulo, pulmão da cidade, que funciona como barreira natural da umidade, retendo as chuvas, está ameaçada por loteamentos clandestinos, construções irregulares, ações de pedreiras, incêndios criminosos e depredações de vários tipos.

A Reserva de Paranapiacaba está quase morta, devido à ação do pólo químico de Cubatão. Troncos mortos ou podres, vida animal desaparecida, grandes clareiras, cobertura das árvores desaparecendo. Ferida de morte, a Serra do Mar pode responder na mesma medida. É bastante provável uma grande catástrofe, bastando apenas temporais violentos, que poderão ocasionar desabamentos e deslisamentos que fariam desaparecer do mapa vilas inteiras e o próprio pólo petro-químico de Cubatão, repetindo o que aconteceu anos atrás no Litoral Norte, quando parte das montanhas escorreu para as cidades de Ubatuba e Caraguatatuba.

QUEIMADAS

Fotos enormes nos jornais, imagens em todas as televisões: o Brasil e o mundo estarrecidos. Em agosto e setembro de 1988, uma notícia assombrosa percorreu o planeta Terra: a Amazônia estava sendo devastada por gigantesco incêndio que consumia centenas de milhares de quilômetros quadrados de florestas. Emoção nacional e internacional. Todos procurando uma solução. Menos o governo que, quase acintosamente, extinguiu na mesma ocasião o Ministério do Meio Ambiente.

Uma reportagem de Liana John, no *Jornal da Tarde*, no dia 25 de agosto de 1988, retratava bem a extensão da tragédia. O texto seco e direto, ao mesmo tempo poético e rude de Liane merece ser lido: "Todos os dias, de julho a outubro, a 900 km de altitude, um olhar eletrônico mede a extensão de nossa incompetência: centenas de milhares de quilômetros quadrados queimados no Brasil Central e Amazônia. Insistentemente usado como a alternativa mais barata para abrir áreas agrícolas e renovar pastagens, o fogo atesta nossa incapacidade de gerenciar bem os recursos naturais de que dispomos. O fogo acaba com a fertilidade natural do solo: endurece a terra e a expõe à erosão. Ele empobrece a vegetação e abre caminhos para pragas e doenças. Invade reservas e parques; desequilibra ecossistemas inteiros e destrói, na Amazônia, árvores que nos valeriam milhares de dólares se aproveitadas por sua madeira nobre ou por suas propriedades químico-farmacêuticas.

"A fumaça das queimadas joga na atmosfera uma quantidade de gases tóxicos que o ambiente não é capaz de reabsorver. Tais gases afetam a vegetação natural e cultivada, a vida dos animais, nossos pulmões e o equilíbrio da atmosfera. O gás carbônico e o monóxido de carbono, por exemplo, vão engrossar a lista dos gases que contribuem para o chamado efeito estufa, além de afetar a camada protetora de ozônio, a cerca de 25 km da superfície terrestre".

Em setembro, um incêndio destruiu 17% do Itatiaia, um dos mais belos parques nacionais do Brasil. Na mesma época, grandes focos de incêndio foram detectados nas Serras da Cantareira e Caieiras, São Paulo. O Parque Nacional das Emas, Goiás, foi totalmente arrasado pelas chamas. Quatrocentos hectares de uma Área de Proteção Ambiental, em Botucatu, São Paulo, também foram consumidos pelo fogo.

Essa devastação descontrolada conduz a resultados terríveis: o mogno de Rondônia e o cedro estão em vias de extinção. A castanheira, que é protegida por lei, ressente-se do fogo que compromete a base dos troncos.

CHICO MENDES

Um triste episódio colocou o Brasil nas manchetes do mundo inteiro em 1988. O assassinato do líder seringueiro Chico Mendes mostrou o quanto é séria a situação no norte do Brasil, em relação ao problema das terras e devastações. Grandes latifundiários, que ocuparam terras ilegalmente, no processo de grilagem, têm derrubado a mata, plantado pastagens em seu lugar. É o primeiro passo no caminho da desertificação, porque se sabe que as terras da Amazônia são fracas, uma vez eliminada a intensa capa vegetal. Aos grileiros antepõem-se os seringueiros que vivem das árvores da floresta. Uma verdadeira guerra surda se trava, com mortos e feridos. Chico Mendes foi assassinado na porta de sua casa, em Xapuri, quando se encontrava sob proteção policial, devido a ameaças de morte. O caso teve grande repercussão, com pontos negativos para a imagem do Brasil, já bastante arranhada pela opinião pública mundial.

ACABANDO, ACABANDO

Um papagaio que não voa e a maior borboleta do mundo são algumas das vinte espécies ameaçadas de extinção no ano de 1996. A expansão demográfica (superpopulação), a poluição e a caça predatória são as responsáveis, afirma o Centro de Supervisão para a Conservação Mundial. Hoje há mais espécies em extinção do que 100 anos atrás.

TATU GIGANTE

Existe no Brasil um tatu que, quando encurralado pelos caçadores, se transforma. De pé, apoiado em suas traseiras, ele chega a um metro. Suas garras tornam-se defesa poderosa com 12 centímetros de comprimento. Esse tatu tem o nome científico de *Priodontes maximus* (flora e fauna têm nomes científicos, que é o nome internacional pelo qual os cientistas de vários países os identificam e os reconhecem). Descoberto no Brasil em 1792, ele pode ser encontrado agora em uma reserva do município de Unai, Minas Gerais. Chamada de Santuário Vila Silvestre, esta é uma das muitas pequenas reservas que existem, administradas por particulares. Mesmo estando protegido dentro de uma reserva, esse tatu tem sido alvo de caçadores que invadem o local. Se de um lado alguns homens destroem, de outro há os que buscam refazer e construir. Tudo o que temos a fazer é decidir de que lado ficamos.

CAOS E DESORGANIZAÇÃO

Desde pequenos, vocês dois se acostumaram ao meu modo de fazer as coisas. Cada vez que eu pretendia tentar uma experiência de vida ou ensinamento, recorria (e recorro) a fatos, histórias, notícias, deixando uma parte para vocês: a de fazer a ligação entre o que eu narrava e a vida em si. Confio na capacidade de raciocínio de vocês. E é isso o que faço agora, nesta carta que retrata um pouco o caos e a desorganização em que vivemos.

Vejo vocês, às vezes, folheando livros sobre a Pré-História, encantados e felizes com aqueles animais gigantescos que povoavam o mundo. Espécies extintas em função de uma evolução natural. Foi um processo que demorou milhares de anos, até que o último dinossauro desaparecesse, restando apenas ossadas inconcebivelmente grandes em museus, ou retratadas em livros que mais parecem fantasia.

Também fantasia vai parecer, daqui a algum tempo, a existência de tartarugas gigantes. Sabiam que elas existem no Brasil, resguardadas na reserva biológica de Trombetas, norte do Pará, encravada na selva amazônica? Tartarugas remanescentes daquela época pré-histórica, bichos em proporções que impressionam enormemente.

O que vocês não sabem é que essas tartarugas estão condenadas à morte. Não por um processo de dinamismo da natureza, mas sim pela atividade do homem, por essa destruição sistemática que ele pratica, com tal intensidade que consegue superar a ação da evolução natural, reduzindo o trabalho de milhares de anos a poucas décadas.

Naquele local em Trombetas vai surgir um lago, desses artificiais que começaram a aparecer no

Brasil nos últimos anos: o represamento para alimentar uma hidrelétrica.

O homem não faz seleção natural, ele pratica assassinato.

Um dia, assim como a minha geração leu, maravilhada, os contos de fadas, mergulhando no mundo da fantasia de castelos, cavernas, labirintos, subterrâneos de gnomos, vocês vão ver teipes e filmes, observar fotos e ler sobre algo fantástico que se chamou Sete Quedas, delírio de águas espumantes, encadeado de cachoeiras escorrendo violentas, um dos prodígios da natureza neste país.

Perplexos, tão abismados quanto os peixes que subiam o rio na piracema e um dia chegaram a Sete Quedas e não encontraram nada, vocês vão descobrir que a maravilha foi sepultada debaixo de um lago tranqüilo, de aparência morta e tediosa. Ajuntamento de água gigantesco, destinado a fornecer energia elétrica ao homem. Porque nesta vida artificial e automatizada, a cada dia mais o homem precisa da energia para seu "conforto" e "bem-estar".

E não importa o quanto seja necessário destruir para se obter essa energia, venha ela do petróleo, cujas reservas se esgotam; ou do carvão, queimando-se florestas e mais florestas; ou das usinas hidrelétricas, represando-se os rios, matando-se peixes e paisagem; ou do álcool, bastando utilizar todas as terras disponíveis para o plantio de cana, em uma monocultura que se amplia dia a dia, ameaçando, no futuro, a própria produção de alimentos. Energia para a luz, os milhares de aparelhos necessários e desnecessários ao cotidiano. Energia principalmente para o deslocamento, nos automóveis, trens e aviões.

E se os meios convencionais e tradicionais de fornecer energia ameaçam se esgotar em prazos relativamente curtos, vamos então criar outra forma: uma energia que venha ameaçar, no futuro, a própria existência do homem sobre a terra. É isso mesmo, falo de energia nuclear.

(Ah, acabo de ler. Antes do ano 2000 haverá uma nova hidrelétrica, a de Ilha Grande, no Paraná. O lago promete a grandeza de 3330 quilômetros quadrados, um dos mais extensos do Brasil. A implantação desse lago representará a perda de 139.510 hectares de terras produtivas).

Tenho olhado os seus cadernos e livros de escola. Nunca encontrei neles a menor referência a um mundo de acontecimentos que, parece-me, deveriam ser mostrados desde a escola. Quando a matéria é história, por que os livros não esclarecem que a devastação do Brasil começou com sua própria descoberta, quando os portugueses passaram a levar embora o pau-brasil e dezenas de outras madeiras nobres?

Os livros de geografia referem-se ao rio São Francisco, acentuando com orgulho a "unidade nacional" que ele proporciona. Não contam, porém, como está hoje esse rio, que teve a vegetação das margens arrasada, causando a erosão e a conseqüente sedimentação hidrográfica. A sedimentação torna o leito mais raso. A água alaga as margens, destrói a vegetação, provoca enchentes, deteriora a vida aquática, altera o equilíbrio biológico, atrai endemias ou epidemias.

Acrescentem-se a isso as indústrias que despejam resíduos químicos nas águas, provocando a morte dos peixes. Existem poucos peixes vivos atualmente no rio São Francisco.

Está ocorrendo no Brasil uma completa deterioração da hidrografia rural e urbana. A sedimentação nos rios das cidades ocasiona o entupimento de esgotos e canalizações, provocando inundações. No ano de 1980, na cidade paulista de Moji das Cruzes, ocorreram misteriosas inundações, em pleno tempo seco. As leis de proteção aos mananciais nas regiões metropolitanas não é cumprida, os administradores nem mesmo sabem que tais leis existem.

Ah, o mundo que estamos preparando para vocês! Como não ter vergonha deste presente que desfaz o futuro? Por séculos e séculos, é verdade, o homem atacou a natureza e o meio em que vivia. Geralmente em função da própria sobrevivência. Mesmo os excessos eram corrigidos pela força da natureza. Era uma depredação controlada, diminuta, gradual, deixando ao meio possibilidades de recuperação.

Mas o homem descobriu a máquina, veio a Revolução Industrial, a tecnologia desenfreada e mal-utilizada, cresceu a ambição da vida "confortável", fácil, automatizada, a necessidade do lucro imediato. Os meios de destruição multiplicaram-se, tornaram-se fortes, poderosos.

Ninguém mais pode contra os tratores, moto-serras, correntões, desfolhantes (produtos químicos que fazem cair todas as folhas das árvores). Cavou-se a terra em busca de minérios, petróleo, as reservas esgotam-se. E com a vida moderna
    derrubamos as matas
    poluímos as águas
    envenenamos o ar
    arruinamos a atmosfera
    intoxicamos a produção de alimentos
    estamos tornando a vida impossível.
    Mas ainda há retorno. Desde que seja imediato.

Quando adolescente, havia nos jornais uma seção muito curiosa que alinhava fatos, objetos, homens e animais impossíveis. Mas reais. Chamava-se "Acredite, se Quiser" e tornou-se uma série de televisão. De uma relação inesgotável de "fatos em que não dá para acreditar, mas estão se passando debaixo dos nossos olhos", no Brasil e no mundo, vou montar para vocês um "Acredite, se Quiser".

PEIXES DE OLHOS ARRANCADOS

Na represa do balneário Laranja Doce, na Alta Sorocabana, estado de São Paulo, começou a aparecer peixe morto com os olhos arrancados. Os banhistas que mergulhavam saíam com olhos irritados, doendo muito. Nas proximidades da represa foi encontrado um grande número de fossas negras. Descobriu-se que tinham utilizado descontroladamente um veneno especial para combater caramujos, e tudo se alterou nas águas.

TAINHAS CEGAS

Um fenômeno registrado no litoral de Santa Catarina em 1980: o surgimento de tainhas cegas, com a barriga podre.

GUERRA NO PANTANAL

Usinas de álcool e açúcar de São Paulo e Mato Grosso estão usando cursos de água que desembocam no Pantanal para despejar o vinhoto, mortal à vida nas águas. Técnicos também detectaram o uso do desfolhante Thordon, componente do célebre agente laranja, utilizado no Vietnã durante a guerra. Além do mais, a ação dos coureiros, caçadores clandestinos, não tem encontrado a mínima repressão, com a conseqüente morte de milhares de jacarés, todos os anos.

VIETNÃ ARRASADO

O maior problema do Vietnã no pós-guerra são os efeitos danosos da guerra química. O uso de milhões de toneladas de desfolhantes acabou por matar as florestas. As bombas abriram crateras e inutilizaram a terra, que vai necessitar de muitos anos para recuperação. Com isso, não há como produzir alimentos, prevendo-se calamidade similar à da Etiópia.

AMEAÇA DA PETROBRÁS

A construção de um terminal da Petrobrás em Corumbá, o ponto de entrada para o Pantanal, constitui séria ameaça. Em caso de acidente — e basta verificar como eles têm sido comuns nas áreas de Santos e São Sebastião —, os efeitos sobre o Pantanal seriam catastróficos.

A NUVEM ASSASSINA

É o título da matéria de *Veja* que assinalou um dos maiores acidentes químicos do século: o vazamento de isocianato de metila, gás mortífero, na fábrica da Union Carbide, em Bhopal, na Índia, em dezembro de 1984. Oficialmente: três mil mortos. Mas houve também cegos, paralíticos e milhares intoxicados, não se sabendo ainda quais serão, no futuro, os efeitos da tragédia.

PASSARINHADA DO PREFEITO

Em julho de 1984, o prefeito Nivaldo Orlandi, da cidade paulista de Embu, recanto de conservacionistas, assombrou o Brasil ao oferecer a correligionários políticos uma passarinhada. Alertada, a polícia compareceu e encontrou espetos com pedaços de tomate e cebola e nada menos de dois mil e quatrocentos tico-ticos, rolinhas e sabiás. O prefeito Orlandi e amigos receberam a socos a polícia e a imprensa.

MATEMOS AS BALEIAS

Em outubro de 1984, foi divulgada a decisão do Brasil na reunião da Comissão Internacional da Baleia, realizada em Buenos Aires. Não vamos respeitar a cota limite de trezentas e quarenta e cinco baleias na atual temporada. A vitória foi do Japão, que é quem mata baleias em nossas costas.

O ATAQUE DAS FORMIGAS

Em Inajá, noroeste do Paraná, os fazendeiros viram-se impotentes contra um fenômeno: milhares de formigueiros ocuparam todos os pastos, acabaram totalmente com a vegetação e expulsaram o gado. Peritos analisaram o território, concluindo que a má utilização do solo conduziu a um sistema de erosão, incontrolável, e ao surgimento das formigas. Na região existem cerca de 1 milhão de hectares desertificados.

A TRAGÉDIA DE RORAIMA

E o que dizer quando um estado como Roraima se viu quase inteiro destruído por um incêndio interminável que consumiu suas melhores matas? E os governos (do Estado e Federal) que não tiveram técnicas nem recursos para combater o fogo e chamaram os pagés indígenas. Teriam sido os índios mesmo? Não é uma situação irônica, em pleno limiar do novo milênio?

AS GRUTAS E O AEROPORTO

A construção do novo aeroporto de Belo Horizonte ameaçou seriamente as Grutas da Lagoa Santa, ponto importante no estudo da antropologia e da paleontologia brasileiras. No Paraná, as "minas de cal" estão arrasando várias cavernas naturais de grande porte. As minas da Lapa Vermelha, em Minas, acabaram-se por causa da produção de cimento.
Epa!
Em 1979, caiu neve no deserto do Saara.
Opa!
Em junho de 1980, inexplicável e assustadora onda de calor abateu-se sobre os Estados Unidos, matando mais de mil pessoas em uma semana.
Escolhemos aqui e ali algumas grandes e pequenas tragédias que servem para acionar o sinal amarelo: a natureza avisa, o homem que se cuide. Poderia, meus filhos — apenas fazendo relatórios sintéticos —, preencher volumes sobre estes sinais de alerta. O importante é que vocês saibam que não são apenas os "grandes atos" que agridem a natureza e o meio ambiente. Eles vão dos desastres, como o da

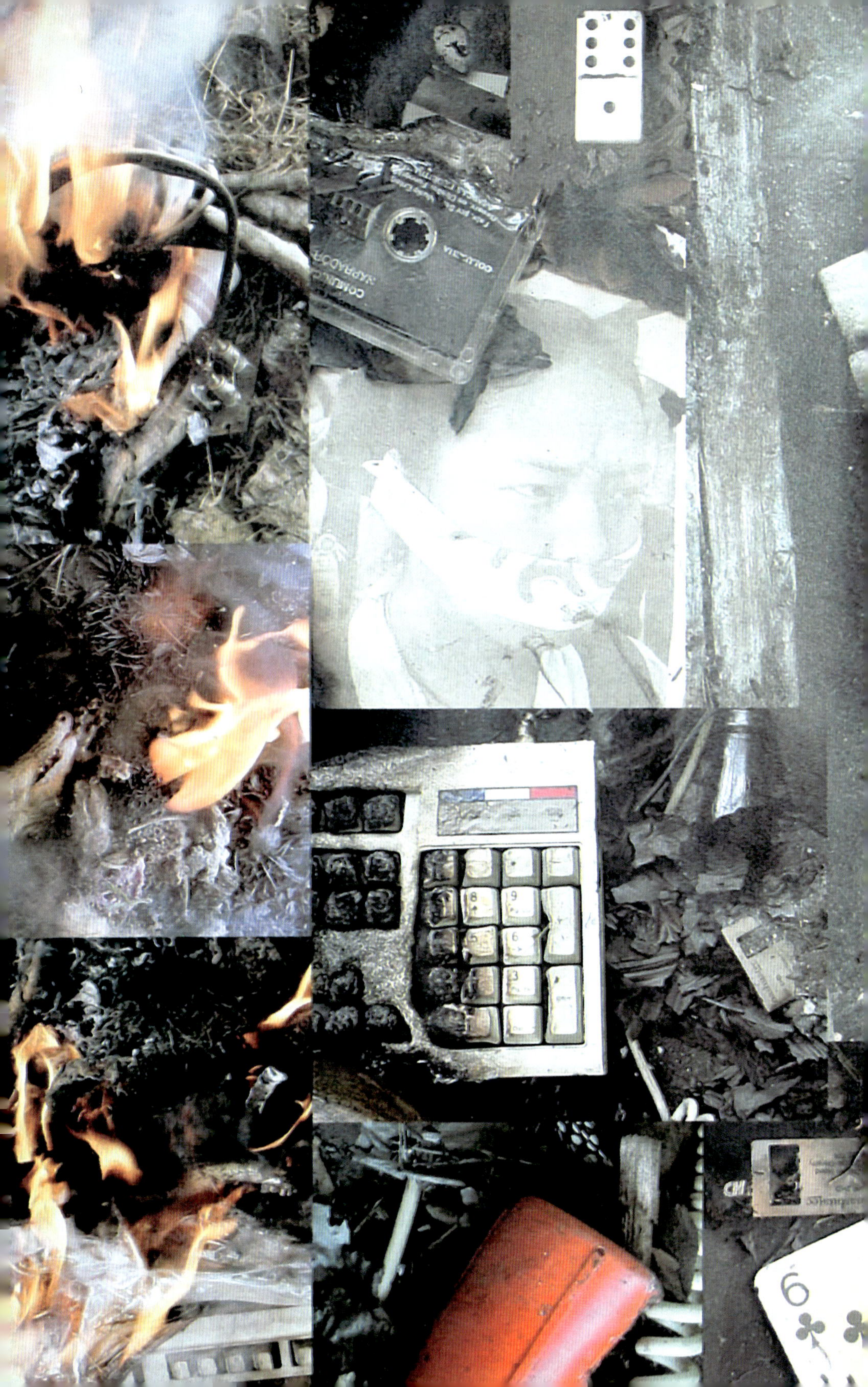

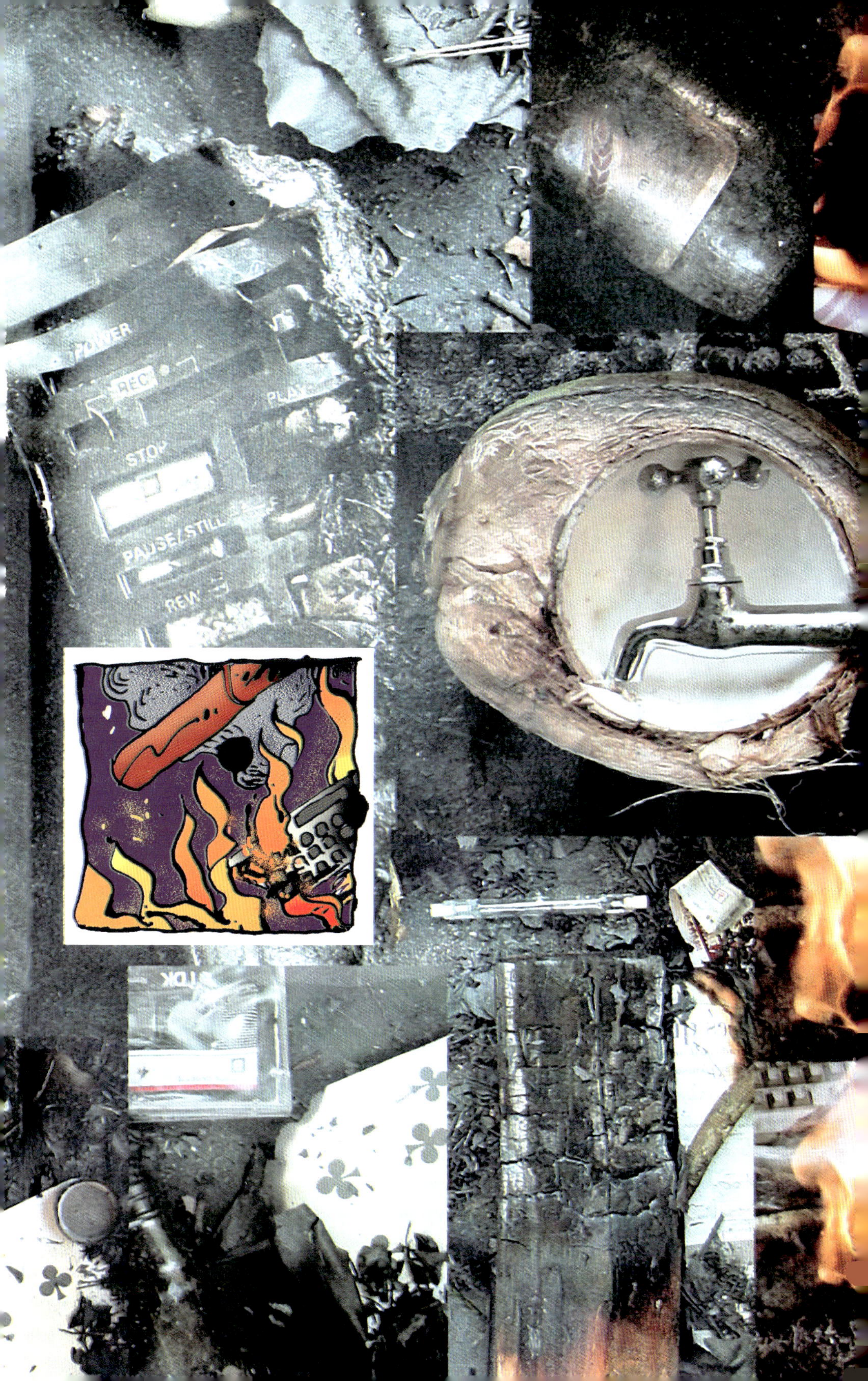
POWER
REC
PLAY
STOP
PAUSE/STILL
REW

Usina Nuclear de Three Mile Island, nos Estados Unidos, cujo reator se rompeu, deixando vazar radioatividade, ao trabalho contínuo dos palmiteiros em nosso litoral. Passam pelas floriculturas, que costumam invadir reservas em busca de parasitas e orquídeas, e chegam ao uso indiscriminado de detergentes não-degradáveis. Envolvem os grupos que exploram a madeira de Tucuruí, assim como os pescadores que não respeitam a piracema, que usam redes para apanhar fêmeas na desova ou barcos que pescam camarões novos.

Temos de prestar atenção nos mínimos gestos e ações, para observar se eles não estão contribuindo, de um modo ou de outro, para atingir o meio ambiente, a natureza.

PLANETA ÁGUA

Sabiam que a Terra podia ser chamada de Água? Sabiam que existe mais água que terra neste planeta? Reunindo oceanos, mares, rios, lagos, mananciais, as águas cobrem cerca de 3/4 da Terra. O volume de água é de 1,4 bilhão de quilômetros quadrados.

Pois a água, tão essencial quanto o ar para a vida, tem sido agredida por todos os meios possíveis. Nos oceanos e mares despejam-se todos os tipos de detritos e esgotos, para não se falar dos vazamentos dos grandes petroleiros. Pratica-se a pesca indiscriminada. Nos rios, derrubam-se as matas das margens, pratica-se a garimpagem, joga-se mercúrio (elemento altamente tóxico) nas águas, indústrias lançam seus resíduos venenosos. Por esta razão, com os olhos no futuro, estabeleceu-se um documento universal, ao qual se deu o nome de

D I R E I T O S

Foi criado pela ONU, em 1992, o Dia Mundial da Água (22 de março). Redigiu-se a Declaração Universal dos Direitos da Água. Vale a pena conhecer estes direitos:

1. A água faz parte do patrimônio do planeta. Cada continente, cada povo, cada nação, cada região, cada cidade, cada cidadão, é plenamente responsável aos olhos de todos.

2. A água é a seiva de nosso planeta. Ela é condição essencial de vida de todo vegetal, animal ou ser humano. Sem ela não poderíamos conceber como são a atmosfera, o clima, a vegetação, a cultura ou a agricultura.

3. Os recursos naturais de transformação da água em água potável são lentos, frágeis e muito limitados. Assim sendo, a água deve ser manipulada com racionalidade, precaução e parcimônia.

4. O equilíbrio e o futuro de nosso planeta dependem da preservação da água e de seus ciclos. Estes devem permanecer intactos e funcionando normalmente para garantir a continuidade da vida sobre a Terra. Este equilíbrio depende, em particular, da preservação dos mares e oceanos, por onde os ciclos começam.

5. A água não é somente herança de nossos predecessores; ela é, sobretudo, um empréstimo aos nossos sucessores. Sua proteção constitui uma necessidade vital, assim como a obrigação moral do homem para com as gerações presentes e futuras.

6. A água não é uma doação gratuita da natureza; ela tem um valor econômico: precisa-se saber que ela é, algumas vezes, rara e dispendiosa e que pode muito bem escassear em qualquer região do mundo.

DA ÁGUA

7. A água não deve ser desperdiçada, nem poluída, nem envenenada. De maneira geral, sua utilização deve ser feita com consciência e discernimento para que não se chegue a uma situação de esgotamento ou de deterioração da qualidade das reservas atualmente disponíveis.

8. A utilização da água implica em respeito à lei. Sua proteção constitui uma obrigação jurídica para todo homem ou grupo social que a utiliza. Esta questão não deve ser ignorada nem pelo homem nem pelo Estado.

9. A gestão da água impõe um equilíbrio entre os imperativos de sua proteção e as necessidades de ordem econômica, sanitária e social.

10. O planejamento da gestão da água deve levar em conta a solidariedade e o consenso em razão de sua distribuição desigual sobre a Terra.[1]

---

[1] Reproduzido do jornal *Folha do Meio Ambiente*.

MOTIVO DE DEFESA

É importante saber, contudo, que existem pequenos e grandes movimentos. Pequenos e grandes gestos. Uma pessoa, uma criança que evite jogar na rua o papel e o palito do sorvete, a embalagem do salgadinho ou do chiclete, que não largue na praia a latinha do refrigerante ou o maço vazio do cigarro. Estes e muitos outros são os pequenos gestos que contribuem para a conservação do meio ambiente. Existem as grandes e médias organizações. Como o Greenpeace, alerta a tudo o que ocorre no mundo (como as experiências nucleares, por exemplo). Ou no Brasil, a SOS Mata Atlântica, a Sociedade Brasileira de Preservação dos Recursos Naturais e Culturais da Amazônia, a Fundação Pró-Natura, o Grupo Seiva (particular), o Grupo Ambientalista da Bahia, a Associação de Preservação e Equilíbrio do Meio Ambiente de Santa Catarina. E muitos outros. Vamos contar aqui sobre alguns que têm batalhado, cada um no seu meio, na sua região, na sua cidade, no seu bairro. É possível mudar a cabeça, basta insistir, e muito.

LOUCOS VARRIDOS

Cidadãos cheios de boa vontade têm se reunido em várias cidades para ajudar na limpeza de suas quadras e seus bairros. Uma tarefa do poder público que não tem sido executada. Também, é impossível limpar tudo que a população atira à rua, o tempo inteiro. Desse modo, donas de casa, estudantes, empresários e até artistas de cinema têm saído de vassoura e rastelo em punho, fazendo a limpeza.
O nome do programa é simpático: *Loucos Varridos*.

ARTISTAS VERDES

Brigitte Bardot foi, nos anos 50, uma das maiores estrelas de cinema do mundo. Uma espécie de Sharon Stone da época. Depois que abandonou o cinema, Brigitte dedicou-se inteiramente à defesa dos animais. Tem feito campanhas memoráveis e chamado a atenção da mídia. Uma de suas maiores causas foi defender a matança indiscriminada de leões-marinhos, nos anos 70. A nossa Sônia Braga, conhecida pelo papel de Gabriela, na novela tirada do romance de Jorge Amado, faz parte do Loucos Varridos. E não se incomoda nem um pouco de ser fotografada de vassoura e saco de lixo na mão, ajudando a limpar a cidade. Fez isso no Rio de Janeiro e em Buenos Aires. Em lugar de rir e criticar e dizer que a Sônia está louca, deveríamos imitá-la!

MULTA PARA LIXO

Em Belo Horizonte e São Paulo, a lei autoriza multa para os mal-educados que costumam lançar lixo pelas janelas dos carros, um péssimo costume brasileiro.

VIGILANTES DO VERDE

São Paulo tem nas ruas e parques 200 espécies de árvores. Em 1992, uma empresa especializada fez uma avaliação de 6 mil, descobrindo que mais da metade está infestada pelo cupim e pela broca. Em 1994, 189 escolas municipais integraram-se ao projeto *Um Milhão de Árvores*. Duas mil crianças inscreveram-se, recebendo o título de Vigilantes do Verde. Plantaram 4.500 árvores nas escolas e nas proximidades de suas casas que serão fiscalizadas por elas mesmas, as Vigilantes.

TODOS SÃO FISCAIS

A Fundação Matutu cuida do Vale do Matutu, santuário ecológico na Serra da Mantiqueira, sul de Minas Gerais, onde se localizam florestas primárias, 85 nascentes e bosques de araucária. Cuidada pela Associação de Moradores e Amigos do Matutu e Pedra. Vigilância constante feita pelos próprios moradores a pé, ou a cavalo pelas trilhas. Até as crianças ficam alertas ao menor barulho. Ao primeiro sinal suspeito, avisam os adultos que correm atrás de incendiários, caçadores e devastadores.

CUIDADO COM AS PILHAS

Um vereador de São Paulo apresentou um projeto que torna obrigatório o recolhimento de pilhas e baterias descarregadas. Recipientes apropriados, localizados em locais-chave e de fácil acesso (padarias, por exemplo) acolheriam esse material, que seria recolhido pelos próprios fabricantes, na hora de reposição do produto. As pilhas são extremamente nocivas ao meio ambiente porque possuem materiais pesados como manganês, chumbo, zinco e elementos químicos perigosos como cloreto de amônia e cádmio. Pilhas descarregadas são altamente tóxicas.

PROTEGENDO A SERRA

Ambientalistas gaúchos percorreram, a pé, quilômetros da Serra do Rio do Rastro, em Santa Catarina, fazendo uma limpeza. Recolheram 50 quilos de lixo (garrafas, copos e garrafas plásticas, carteiras de cigarro, embalagens de salgadinhos e outros). A serra do Rio do Rastro tem uma comissão de defesa a protegê-la. Dela fazem parte muitas crianças.

AVES VOLTAM

A imprensa de São Paulo registra que o número de espécies tem aumentado na capital de São Paulo, em lugar de diminuir como bradam os pessimistas. O Centro de Estudos Ornitológicos (que se ocupa do estudo das aves) registrou que em 1986 havia na cidade 134 diferentes aves. Entre as aves que retornaram estão a alma de gato, a ararinha, o socó-dorminhoco, o pica-pau Benedito e outras.

EMPRESAS PREOCUPADAS

Nem toda indústria é inimiga do meio ambiente. A Companhia Brasileira de Metalurgia e Mineração mantém um Centro de Desenvolvimento Ambiental, em Araxá, Minas Gerais que se preocupa com a reconstituição de áreas modificadas pela intervenção humana. Com o reflorestamento, a implantação de medidas que diminuam os efeitos poluidores e a criação de nichos ecológicos para preservar a fauna e controlar a erosão e o ressecamento do solo, este centro já conseguiu a reprodução do lobo-guará em cativeiro, afastando a ameaça de extinção da espécie. Peçam folhetos para a Caixa Postal 8, Córrego da Mata s/n, CEP 38180-000, Araxá, MG.

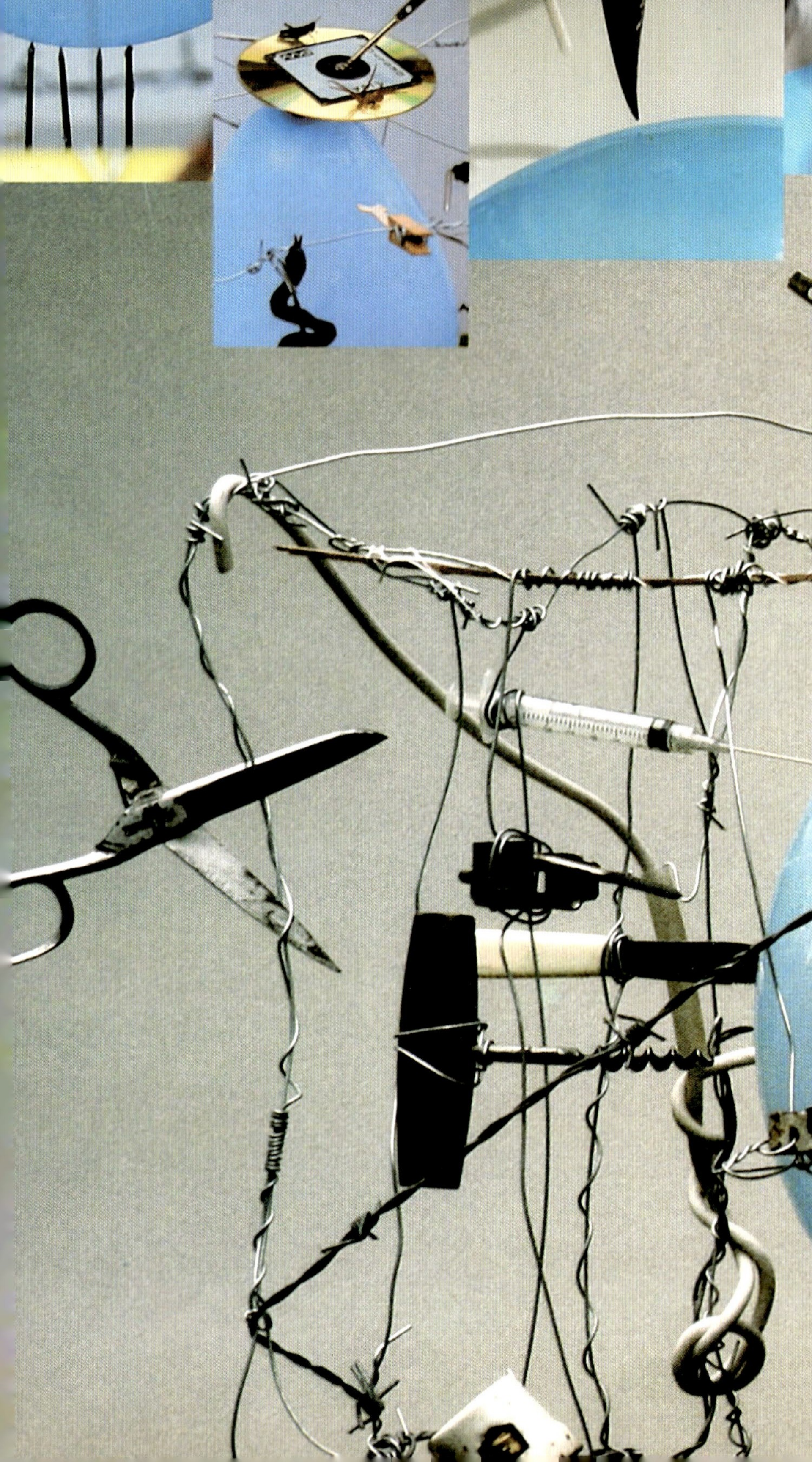

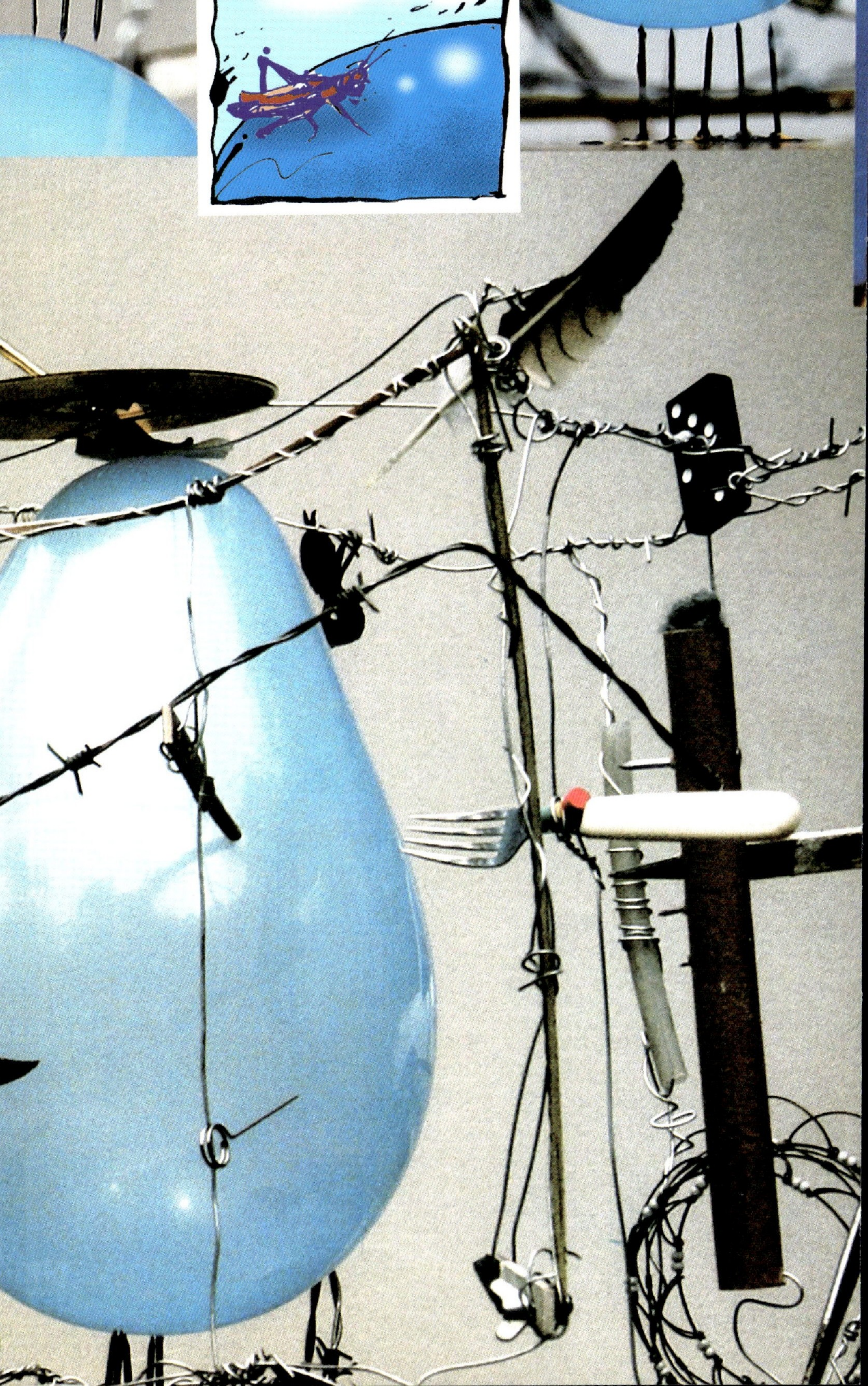

SELO VERDE

Outra notícia animadora vem estampada no informativo *Update*, da Câmara Americana de Comércio, de junho de 1996. Ela diz: "O Brasil e mais 30 outros países já adotaram os selos verdes, que incentivam o uso de produtos e tecnologias menos agressivas ao meio ambiente. Transmitem ao consumidor a confiança de que o produto atende bons padrões ambientais. No Brasil, o selo verde é um beija-flor, elaborado pela ABNT (Associação Brasileira de Normas Técnicas). A obtenção do selo leva em conta a adequação do processo de fabricação às normas vigentes, é já um diferencial dos produtos — um atrativo para o consumidor na hora de fazer suas compras".

PROTOCOLO VERDE

Este é o nome de um projeto assumido por alguns grandes bancos oficiais que se comprometem a trabalhar em conjunto, buscando a melhoria do meio ambiente. Algumas coisas começam a andar. Foi definido, em 1996, importante segmento do Protocolo. Esses bancos possuem agora uma lista de 1200 empresas que estão cadastradas como agressoras do meio ambiente. Nenhuma dessas conseguirá empréstimos oficiais até que "limpe" o nome, ou seja, tome providências para deixar de degradar o meio ambiente. Como em geral empresas precisam de empréstimos e os bancos oficiais têm programas de incentivos, com juros especiais, mais baixos, é provável que sentindo o problema na carne, as empresas mudem a mentalidade.

ATÉ QUE ENFIM

A partir de 1996, os governos de Minas Gerais e de São Paulo, em cooperação com o governo federal, vão investir US$ 9 milhões na recuperação da bacia hidrográfica do rio Paraíba do Sul e da Mata Atlântica. As campanhas são boas, as idéias e projetos de primeira. O problema é que os governos mudam. E um jamais completa o programa do anterior, mesmo que interesse à comunidade. Essa é uma mentalidade que temos de mudar no Brasil.

PORCOS LIMPOS

O governo do Mato Grosso lançou o projeto Granja de Qualidade, destinado a isentar, com enorme porcentagem, os impostos de quem cria porcos com tecnologia que não agrida o meio ambiente.

DESPOLUINDO POSTOS DE GASOLINA

Postos de gasolina ecológicos. Tecnologias inovadoras evitam e controlam vazamentos de óleos lubrificantes e combustíveis que poluem os lençóis freáticos (pequenos ou grandes rios subterrâneos que alimentam lagos e rios, em geral mananciais de água potável) ou escorrem para dentro das redes de água e esgoto. Um sistema computadorizado impede a evaporação dos gases que poluem a atmosfera.

AOS POUCOS

Ainda que lentamente, porque o processo exige pesquisas e muito dinheiro, algumas grandes firmas estão se voltando para a preservação. Desse modo, já existem, em proporção mínima ainda, no mercado, geladeiras ecológicas. Ou seja, aquelas que não usam o gás CFC, perigosíssimo para a camada de ozônio que protege a atmosfera. O novo gás é o 134A, inofensivo. A partir do ano 2000, espera-se que todas as geladeiras aposentem o CFC.

PAU-BRASIL

No ano passado, uma grande empresa multinacional, a Amway, gostou da idéia da Fundação Pau-Brasil do Recife, criada em 1970 por Roldão de Siqueira Fontes, investiu 215 mil dólares em um projeto que levou sessenta mil mudas de pau-brasil para nove capitais. O termo brasil vem de brasa, vermelho. O pau-brasil é madeira vermelha. A árvore está em extinção. A intenção é: o pau-brasil de volta à paisagem brasileira.

USANDO E RECUPERANDO

Flora Tietê. As olarias (fábricas de tijolos) e indústrias de cerâmica (ladrilhos), usam muitas árvores para alimentar os fornos de cozimento. Calcula-se que somente no estado de São Paulo consumam-se 500 mil árvores, a maioria eucaliptos. O projeto Flora Tietê, da Associação de Recuperação Florestal do Médio Tietê, localizada em Penápolis, organizou uma verdadeira fábrica de mudas que produz 1.200.000 árvores por ano, além de instalar um viveiro de mudas nativas da Mata Atlântica, que serão plantadas nas matas ciliares. Usa-se, por necessidade, mas procura-se recuperar, repor.

EXPLICANDO

O que é mata ciliar? É aquela que fica junto a nascentes, rios, lagos e protegem as margens da erosão e do assoreamento (terra que deslisa para dentro da água). São matas sempre úmidas, ricas em animais silvestres. Facilitam a infiltração para dentro da terra, auxiliando na formação dos lençóis subterrâneos que, por sua vez, alimentam nascentes.

RECICLANDO

Esta é uma palavra que está entrando na ordem do dia. Significa apanhar um material usado e que vai ser jogado fora e trabalhar industrialmente, transformando-o e dando novo uso. A reciclagem combate o desperdício e diminui a quantidade de lixo, um dos grandes problemas de hoje no Brasil e no mundo. Existe no Brasil o CEMPRE, Compromisso Empresarial para Reciclagem, que edita um boletim com as últimas informações sobre o que ocorre no setor. Neste boletim estão informações como a de que o Brasil só reprocessa cerca de 10% do total de borracha disponível para reciclagem. Pneus velhos são ótimos criadouros de mosquitos transmissores de doenças. O lixo orgânico nas praias tem ajudado na proliferação de fungos que transmitem doenças de pele, alergias e infecções respiratórias. De onde se conclui: temos de ser educados nas praias, não jogando lixo. Ou seja, recolhendo o nosso lixo em saquinhos e levando para casa.

QUANTO O LIXO DURA NO MAR?

Ir à praia todo mundo vai. Fica na areia, entra no mar. Come, bebe, toma sorvetes, leva crianças, leva cachorros. Se isso fosse feito de acordo com regras de educação, de respeito aos outros, tudo bem. Aliás, cachorro, não! Não é saudável. Mesmo cães "educados" acabam fazendo cocô, xixi, podem transmitir doenças.

Acontece que o nível educacional é baixo e as pessoas largam papéis, palitos de sorvetes, restos de comida, latas de cerveja e garrafas plásticas de refrigerantes. Ou então, pensando "limpar", atiram tudo às águas, imaginando que o oceano tudo dissolve. Dissolve, sim. Mas não facilmente como se pensa.

O Aquário de Ubatuba, mantido por um particular, o idealista Hugo Gallo Neto, além do caráter educacional, tem contribuído para a educação ambiental. O poster *A Duração do Lixo no Mar* foi organizado e impresso pelo Aquário. De um didatismo e clareza exemplares. Nele se explica que:

Luvas de algodão custam 5 meses no mar para desaparecer.
Embalagens de leite, 3 meses.
Papel toalha, de 2 a 4 semanas.
Jornal, 6 meses.
Caixa de papelão, 2 meses.
Fraldas descartável e biodegradável, 1 ano.
Pedaço de madeira pintada, 13 anos.
Lata e copo plástico, 50 anos.
Bóias de isopor, 80 anos.
Lata de alumínio, 200 anos.
Porta-latinhas de plástico, 400 anos.

Garrafa plástica, 450 anos.
Linha de nylon, 650 anos.
Vidro, tempo indeterminado.
Lixo radioativo, 250 mil anos ou mais.

Se todos atirarem tudo, o tempo inteiro, ao mar, em alguns anos, teremos o quê? Basta pensar!

Se quiser mais informações, ligue para o Aquário: (012) 432-1382 ou 432-6202.

LIMPAR O MUNDO

Ainda Ubatuba. No dia 19 de setembro de 1997, os alunos de Ybatiba participaram do evento internacional *Clean Up the World* (Limpar o Mundo), recolhendo lixo na praia de Itaguá.

Olhem só o que recolheram:
113 pedaços de isopor.
104 sacos de lixo.
94 garrafas de bebidas.
60 tampas.
49 canos de PVC.
48 latas.
48 jornais e revistas.
11 pneus.
E outras coisas como pés de meia, lonas, embalagens de produtos de limpeza, peixes e animais mortos.

OUTRA ÁRVORE SALVA

Lembram-se da história da praça de Marília? Ou do ipê que uma velha envenenou? Pois agora tenho um caso semelhante, com final feliz. No centro da cidade de Ubatuba, confluência da Avenida Brasil com a Guaranís, existe um belo flamboyant, com a copa espaçosa, fornecendo sombra amena em dias de calor (a cidade no verão é quente). Certo dia, o dono da loja da esquina, em frente à árvore, decidiu que ia cortá-la, para evitar que as pessoas ficassem reunidas à sombra. Ele não queria "vagabundos" perto da sua loja. Pois quando se soube disso, as crianças (o movimento começou na escola Ybatiba) se movimentaram imediatamente, e apoiadas por um grupo de adultos, ocuparam a árvore, impedindo o seu corte. Ela não morreu, está lá. Cada vez mais amiga!

CONSERVAÇÃO DO MICO-LEÃO-DOURADO

Movimento iniciado nos anos 70, por iniciativa do Zoológico Nacional de Washington e do Centro de Primatologia do Rio de Janeiro, destina-se a salvar o mico-leão-dourado, que está em extinção, procurando fazer com que se reproduzam em semicativeiro. Os micos vêm sendo ameaçados pelo desmatamento do seu hábitat natural. A meta é alcançar 2 mil micos-leão-dourados até o ano 2025, para manter viva a espécie. No final de 1995, um casal de mico-leão-dourado da Reserva Biológica de Rio das Antas teve gêmeos, o que anima os administradores do programa.

SALVANDO A ÁGUA DE BRASÍLIA

O SOS Descoberto Antes que Seja Tarde é uma campanha para recuperar a bacia do Rio Descoberto, manancial de água potável que serve Brasília. O ambiente vem sendo degradado por lixo, invasões de sem-terra, loteamentos, criação de porcos. Para essa defesa foi criado o Comitê Provisório para a Proteção e Gestão do Lago Descoberto.

ADOTE UMA TARTARUGA

Você gostaria de dar nome a uma tartaruga? Além de dar o nome, esta tartaruga seria adotada por você... Basta colaborar com o Projeto Tamar, que tem procurado proteger as cinco espécies de tartarugas marinhas que existem no Brasil. Com um trabalho dedicado, o Tamar conseguiu fazer com que pescadores que antigamente matavam as fêmeas e destruíam os ovos se tornassem os maiores defensores dos animais. Mediante doações, empresas ou particulares podem ajudar a salvar tartarugas. Não custa muito e é uma forma de se sentir bem, ajudando a preservar a natureza. Informações com a Caixa Postal 5321, CEP 80040-310, em Curitiba.

MANUAL PARA SOCORROS ECOLÓGICOS

Uma baleia perde-se e vem parar na praia. Fica encalhada. O que fazer para retirá-la dali? O que fazer para mantê-la viva, enquanto os técnicos não chegam? Coisas desse tipo vêm explicadas no curioso *Manual de Primeiros Socorros do Meio Ambiente*. Publicação do Ibama, ensina o que uma comunidade deve fazer em caso de acidente ecológico, tais como, impedir que queimadas se espalhem, evitar que o óleo vazado em um rio se espalhe, e dezenas de outras situações. Informações com o Ibama nos telefones (061) 226-5955 e 317-1165. Fax (061) 226-1757.

GANHE SEMENTES

Há em Brasília uma organização singular, o Clube da Semente. Fundado por Antônio Fernandes, destina-se a fornecer informações sobre espécies vegetais, ensina a preparar mudas e o terreno para plantá-las e como transplantá-las. O Clube envia pelo correio sementes e folhetos. Caixa Postal 377, Brasília, CEP 70369-970.

PARA OBTER INFORMAÇÕES

Para ficar atualizado com tudo o que ocorre no Brasil e no mundo, em relação ao meio ambiente, procure a *Folha do Meio Ambiente* (SCS Qd. 08, Edifício Venâncio 2000, Bloco B-60, Sala 228, CEP 70333-900, Brasília, DF, telefone (061) 321-3765), ou o *Jornal Verde*, Caixa Postal 61.021, CEP 05071-970, São Paulo, SP. Os dois possuem um caderno para crianças e outro para jovens. Sobre reciclagem, atualize-se com o boletim do CEMPRE, Rua Pedroso Alvarenga, 1254, c. 52, São Paulo, SP, CEP 045331-004. Fone: (011) 852-5200. As crianças podem avisar seus pais: os adultos (e principalmente os empresários) dispõem de um excelente suplemento de *A Gazeta Mercantil*, de São Paulo, denominado "Gestão Ambiental"; são 8 páginas em excelente papel couchê, em cores. Ali está como pode ser desenvolvido o compromisso da empresa com o meio ambiente, estabelecendo uma filosofia e uma política de ação (Informações pelo telefone 0800-146000).

ANOTE

5 de junho é o Dia Mundial do Meio Ambiente.

UM NOVO BRASIL

Meus meninos. Disse que há um retorno. Ainda é possível uma ação, e é nessa direção que o mundo começa a se orientar. Minimamente ainda, porque a consciência das pessoas parece amortecida, indiferente. Acrescente-se que o movimento em defesa do meio ambiente é contrário a imensos financeiros, que envolvem das multinacionais de agrotóxicos à indústria de madeira, à indústria automobilística, à expansão do petróleo, à utilização dos latifúndios. Por isso, é uma batalha que tem de ser iniciada já, em grande escala, e com grande decisão e força de vontade.

Existe neste país um conjunto de associações, grupos e organizações, movimentos e uniões que são vistos como românticos, sonhadores, utópicos. A primeira ação para neutralizar o combate é a do ridículo, da crítica irônica. Afinal, os Verdes na Alemanha não são chamados de "um bando de preocupados com a limpeza da água e do ar"? E existe movimento mais organizado, sério, consciente que o dos Verdes alemães, com uma plataforma de trabalho e objetivos bastante concretos? Falei sobre eles em um livro meu chamado *O Verde Violentou o Muro*. Já está na hora de vocês lerem. O que os Verdes podem ensinar aos brasileiros? Creio que uma coisa fundamental: a força do partido só foi possível no momento em que as dezenas de movimentos ecológicos alemães se uniram, juntaram-se, formaram um bloco sólido, definindo com clareza seus propósitos e sua luta.

O primeiro passo, portanto, neste Brasil, é a junção imediata desses movimentos. Que podem continuar a batalhar isolados, quando os problemas forem locais. Exemplo: a Associação do Meio Ambiente de Nova Iguaçu, ou a Sociedade Ecológica de Fernandópolis, o Pólo Ecológico de Bocaina, a União Nacional dos Indígenas (UNI), a Ação Democrática Feminina Gaúcha — para citar pouquíssimos —, têm sua ação em âmbito setorial. Porém, têm de trabalhar igualmente de modo abrangente, em linha nacional, ao lado de todos os outros, porque daí virá a força das pressões e reivindicações.

O Brasil já tem um importante manifesto de união que é o *Fim do Futuro? Manifesto Ecológico Brasileiro*, redigido por um cientista do porte de José A. Lutzenberger. Tem o trabalho de um Ruschi e de centenas de pessoas envolvidas. Quer dizer, existe um apoio, um ponto inicial de convergência. Existe um Ministério, as Secretarias multiplicam-se, estaduais e municipais. Órgãos como a Cetesb de São Paulo já possuem considerável experiência no assunto.

Aliás, a luta de Lutzenberger foi reconhecida no mundo todo. Em 1988, ele recebeu o Prêmio Right Liveliwood Award, considerado o Nobel alternativo na Suécia. Ele foi convidado para ser Ministro do Meio Ambiente, mas não suspeitou que era um golpe promocional do governo que nunca lhe deu condições para realizar nada. E o índio Davi Kopenawa Yanomami foi escolhido pelas Nações Unidas para receber o Prêmio Ecológico Global 500, em 1988. Porém, o Ministério das Relações Exteriores do Brasil ocultou o prêmio de Yanomami por mais de um ano, só o entregando depois de muita pressão da Assessoria de Assuntos Indígenas do Ministério da Cultura.

Do trabalho de união, deve-se partir para tornar consciente a população. Essencial seria a inclusão de uma matéria no currículo das escolas. Que vocês, meninos, estudassem Natureza e Meio Ambiente desde o primeiro grau. Estudassem de um modo que fosse absorvente, levando o aluno a se apaixonar por essa causa. Porque o meio ambiente se tornou causa, ideal. Organizar o currículo de tal modo que as gerações futuras fizessem a revolução que estamos apenas esboçando. Uma revolução não para mudar governos, mas cabeças. E desse modo nos salvarmos.

Extrair um partido do movimento, fundar jornais, revistas, editar boletins, nem que sejam mimeografados. Eleger vereadores, deputados, senadores, governadores, prefeitos. Conquistar postos-chave. Trabalhar junto à população, no sentido de manter vigilância contínua e mobilização e pressão sobre o Legislativo. Porque precisamos de leis. Contra o uso indiscriminado dos agrotóxicos. Ou para a defesa de reservas e florestas. O governo do Estado de São Paulo, em junho de 1985, deu um passo importante: tombou a Serra do Mar, abrindo um precedente a ser seguido pelos Governos estaduais e da União, procedendo a um levantamento de todos os pontos críticos que afetam a preservação do meio ambiente, atacando por aí na defesa.

Daniel, André, Maria Rita, há um projeto político destinado a restabelecer a democracia. É um projeto demorado, confuso, cheio de entrechoques. Depois de uma ditadura forte, a transição é complexa, porque o vírus do totalitarismo está arraigado dentro de muitos setores da sociedade.

Há uma luta entre passado e presente. O povo ainda luta contra políticos viciados, arcaicos, cheios de interesses pessoais. O mais importante é o modo como a cabeça das pessoas está funcionando. Estão tomando, lentamente (mas é assim mesmo!), consciência de seus direitos. Reaprendem a luta pelo voto. Nada mais é igual ao passado. O brasileiro, apesar de um amontoado de contradições e de uma letargia secular, parece disposto a se questionar e a colocar em causa todos os grandes temas e assuntos que compõem a possibilidade de mudança no futuro.

Dentro de poucos anos, vocês estarão também empenhados nesse questionamento. Mas para haver essa continuação, é preciso haver país. Por isso, temos de modificar o presente, para que o futuro exista. Porque o presente, o brinde que gostaríamos de oferecer a vocês é este: o futuro.

À VIDA, PORTANTO!

Obras do Autor

Depois do sol, contos, 1965
Bebel que a cidade comeu, romance, 1968
Pega ele, silêncio, contos, 1969
Zero, romance, 1975
Dentes ao sol, romance, 1976
Cadeiras proibidas, contos, 1976
Cães danados, infantil, 1977
Cuba de Fidel, viagem, 1978
Não verás país nenhum, romance, 1981
Cabeças de segunda-feira, contos, 1983
O verde violentou o muro, viagem, 1984
Manifesto verde, cartilha ecológica, 1985
O beijo não vem da boca, romance, 1986
A noite inclinada, romance, 1987 (novo título de O ganhador)
O homem do furo na mão, contos, 1987
A rua de nomes no ar, crônicas/contos, 1988
O homem que espalhou o deserto, infantil, 1989
O menino que não teve medo do medo, infantil, 1995
O anjo do adeus, romance, 1995
Strip-tease de Gilda, novela, 1995
Veia bailarina, narrativa pessoal, 1997
Sonhando com o demônio, crônicas, 1998
O homem que odiava a segunda-feira, contos, 1999
Melhores Contos Ignácio de Loyola Brandão, seleção de Deonísio da Silva, 2001
O anônimo célebre, romance, 2002
Melhores crônicas Ignácio de Loyola Brandão, seleção de Cecilia Almeida Salles, 2004
Cartas, contos (edição bilíngüe), 2005
A última viagem de Borges – uma evocação, teatro, 2005
O segredo da nuvem, infantil, 2006
Não verás país nenhum – edição comemorativa 25 anos, romance, 2007

Projetos especiais

Edison, o inventor da lâmpada, biografia, 1974
Onassis, biografia, 1975
Fleming, o descobridor da penicilina, biografia, 1975
Santo Ignácio de Loyola, biografia, 1976
Pólo Brasil, documentário, 1992
Teatro Municipal de São Paulo, documentário, 1993
Olhos de banco, biografia de Avelino A. Vieira, 1993
A luz em êxtase, uma história dos vitrais, documentário, 1994
Itaú, 50 anos, documentário, 1995
Oficina de sonhos, biografia de Américo Emílio Romi, 1996
Addio Bel Campanile: A saga dos Lupo, biografia, 1998
Leite de rosas, 75 anos – Uma história, documentário, 2004
Adams – Sessenta anos de prazer, documentário, 2004
Romiseta, o pequeno notável, documentário, 2005